JIKKYO NOTEBOOK

スパイラル数学Ⅰ　学習ノート

【図形と計量／データの分析】

本書は，実教出版発行の問題集「スパイラル数学Ⅰ」の4章「図形と計量」，5章「データの分析」の全例題と全問題を掲載した書き込み式のノートです。本書をノートのように学習していくことで，数学の実力を身につけることができます。

また，実教出版発行の教科書「新編数学Ⅰ」に対応する問題には，教科書の該当ページを示してあります。教科書を参考にしながら問題を解くことによって，学習の効果がより一層高まります。

目　次

4章　図形と計量

1節　三角比

1　三角比

SPIRAL A

218　次の直角三角形 ABC において，$\sin A$，$\cos A$，$\tan A$ の値を求めよ。　▶教p.127例1

*(1)

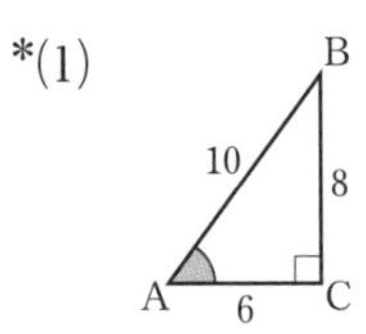

(2)

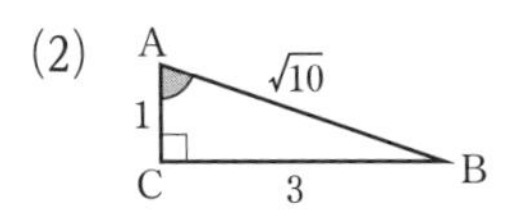

*(3)

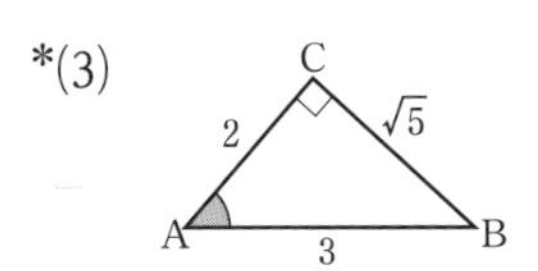

219 次の直角三角形 ABC において，$\sin A$，$\cos A$，$\tan A$ の値を求めよ。 ▶教p.128例2

*(1)

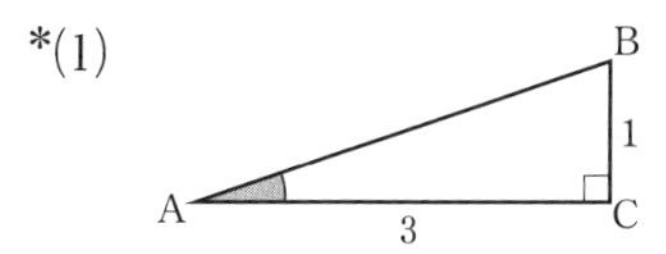

(2)

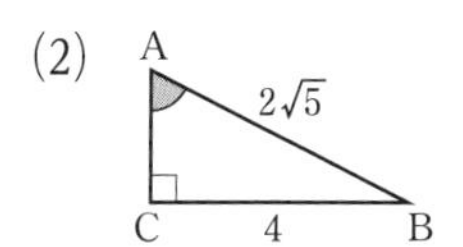

*(3)

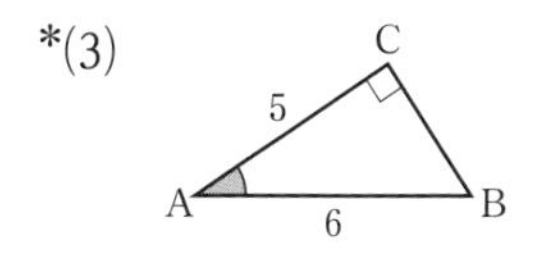

220 次の値を，三角比の表を用いて求めよ。 ▶教p.129例3

*(1) $\sin 39^\circ$　　(2) $\cos 26^\circ$

*(3) $\tan 70^\circ$

221 次の直角三角形 ABC において，A のおよその値を，三角比の表を用いて求めよ。

▶教p.129例4

*(1)

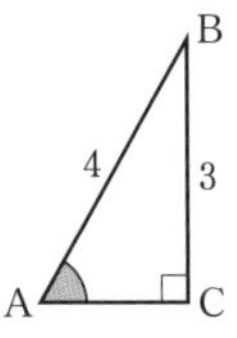

(2)

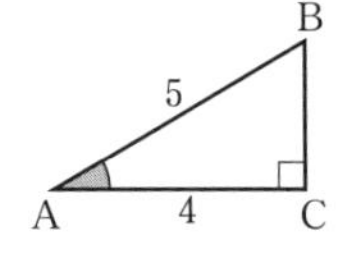

*(3)

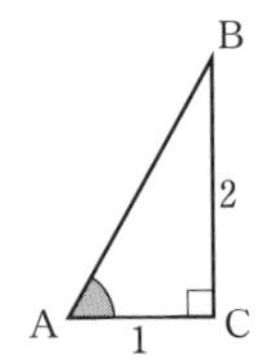

222 次の直角三角形 ABC において，x，y の値を求めよ。 ▶教p.130，131

*(1)

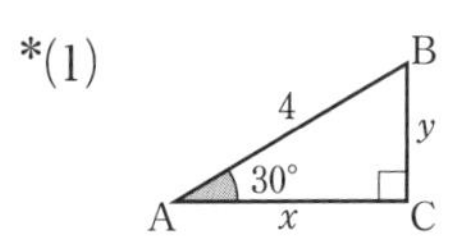

(2)

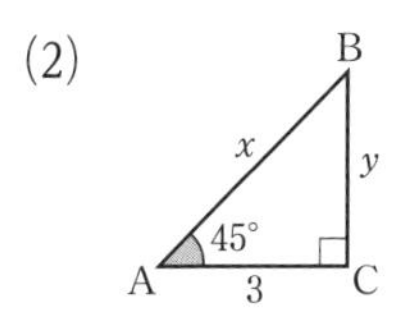

*(3)

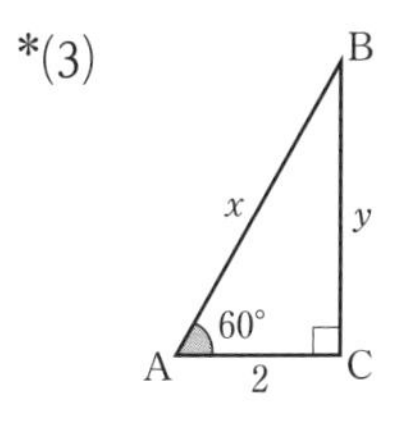

***223** 右の図のようなケーブルカーにおいて，2 地点 A，B 間の距離は 4000 m，傾斜角は 29° である。標高差 BC と水平距離 AC はそれぞれ何 m か。小数第 1 位を四捨五入して求めよ。ただし，$\sin 29^\circ = 0.4848$，$\cos 29^\circ = 0.8746$ とする。 ▶教p.130例題1

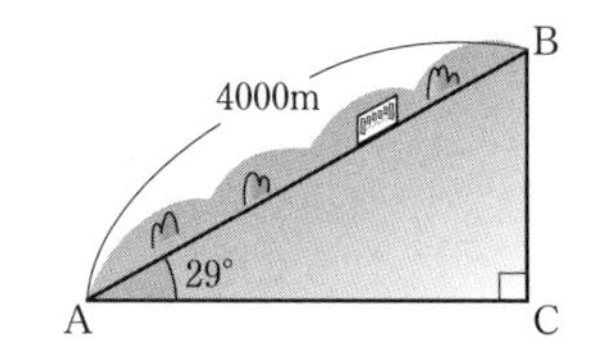

SPIRAL B

*224 ある鉄塔の根元から 20 m 離れた地点で，この鉄塔の先端を見上げたら，見上げる角が 25° であった。目の高さを 1.6 m とすると，鉄塔の高さは何 m か。小数第 2 位を四捨五入して求めよ。ただし，$\tan 25^\circ = 0.4663$ とする。

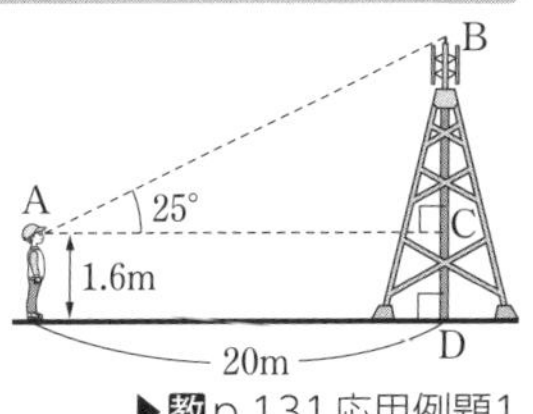

▶教p.131応用例題1

225 次の図の A の値を，三角比の表を用いて求めよ。 ▶教p.129例4

(1)

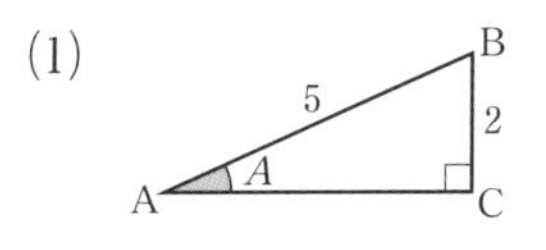

*(2)

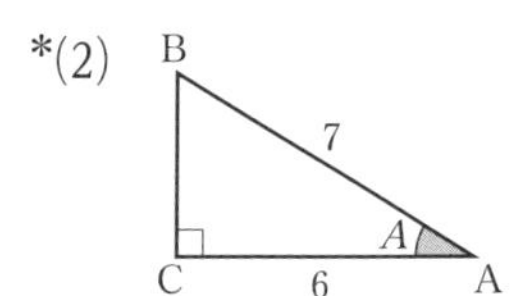

*226　右の図のように，山のふもとのＡ駅と山頂のＢ駅を結ぶロープウェイがある。路線の全長は 2 km，標高差は 0.5 km であるとき，∠BAC のおよその値を，三角比の表を用いて求めよ。　▶教p.129例4

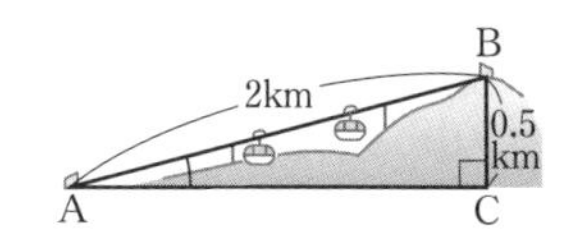

タンジェントと辺の長さ

例題 28　右の図において，BC 間の距離を求めよ。ただし，

AD = 6 m，∠BAC = 45°，∠BDC = 60°

である。　▶教p.158章末1

解　BC = x (m) とすると，直角三角形 ABC において，

AC = BC = x であるから　　CD = $x - 6$

直角三角形 BCD において，BC = CD tan 60° より

$$x = (x-6) \times \sqrt{3} \quad \text{ゆえに} \quad (\sqrt{3}-1)x = 6\sqrt{3}$$

よって　$x = \dfrac{6\sqrt{3}}{\sqrt{3}-1} = \dfrac{6\sqrt{3}(\sqrt{3}+1)}{(\sqrt{3}-1)(\sqrt{3}+1)} = \dfrac{6(3+\sqrt{3})}{2} = \mathbf{9+3\sqrt{3}}$ **(m)**　答

227 右の図において，塔の高さ BC を求めよ。ただし，AD = 100 m，$\angle BAC = 30^\circ$，$\angle BDC = 60^\circ$ である。

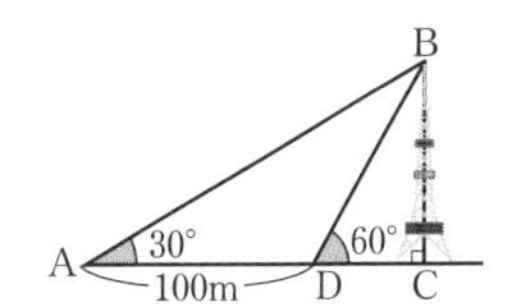

*__228__ 右の図のように，ある地点 A から木の先端 B を見上げる角が 30°，A より木に 10 m 近い地点 D から木の先端 B を見上げる角が 45° であった。目の高さを 1.6 m とするとき，木の高さ BC を小数第 2 位を四捨五入して求めよ。ただし，$\sqrt{3} = 1.732$ とする。

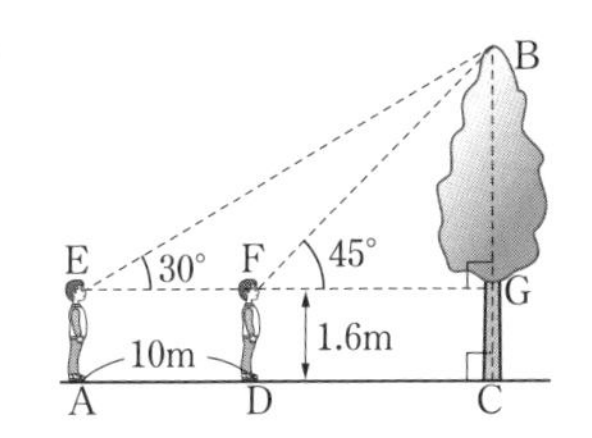

229 右の図において，$AB=8$，$BC=6$，$\angle ABC=60^\circ$ のとき，A のおよその値を，三角比の表を用いて求めよ。ただし，$\sqrt{3}=1.732$ とする。

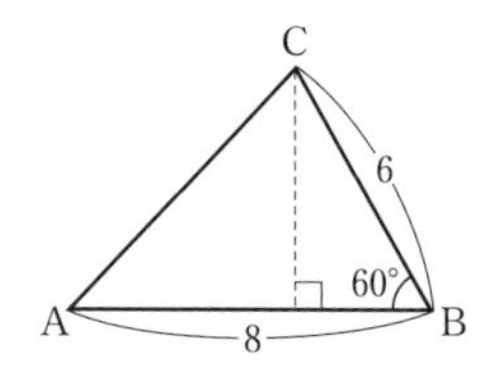

SPIRAL C

230 $\triangle ABC$ は $\angle A=36^\circ$ の二等辺三角形である。底角Bの二等分線が辺ACと交わる点をD，$BC=2$ とするとき，次の問いに答えよ。

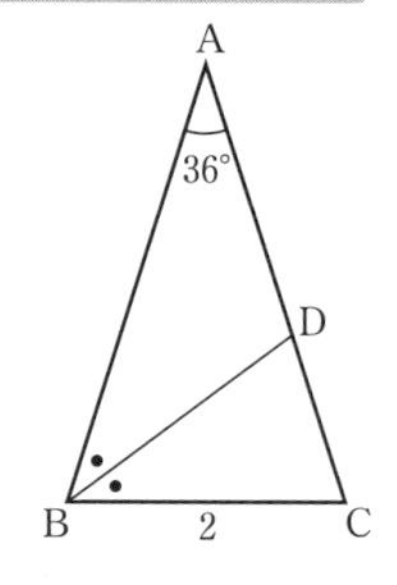

(1) $\triangle ABC \backsim \triangle BCD$ であることを用いて，ABの長さを求めよ。

(2)　$\sin 18^\circ$ の値を求めよ。

(3)　$\cos 36^\circ$ の値を求めよ。

2 三角比の性質

SPIRAL A

231 $\sin A$ が次の値のとき，$\cos A$，$\tan A$ の値を求めよ。 ▶教p.133例題2
ただし，$0^\circ < A < 90^\circ$ とする。

*(1) $\sin A = \dfrac{12}{13}$

(2) $\sin A = \dfrac{\sqrt{3}}{3}$

*(3) $\sin A = \dfrac{2}{\sqrt{5}}$

232 $\cos A$ が次の値のとき，$\sin A$，$\tan A$ の値を求めよ。 ▶教p.133例題2
ただし，$0^\circ < A < 90^\circ$ とする。

*(1) $\cos A = \dfrac{3}{4}$

(2) $\cos A = \dfrac{5}{7}$

*(3) $\cos A = \dfrac{1}{\sqrt{3}}$

233 次の三角比を，45° 以下の角の三角比で表せ。 ▶教p.135例5

*(1) $\sin 87^\circ$

(2) $\cos 74^\circ$

*(3) $\tan 65^\circ$

(4) $\dfrac{1}{\tan 85^\circ}$

SPIRAL B

234 $\tan A$ が次の値のとき，$\cos A$，$\sin A$ の値を求めよ。
ただし，$0° < A < 90°$ とする。

▶教p.134応用例題2

*(1) $\tan A = \sqrt{5}$

(2) $\tan A = \dfrac{1}{2}$

235 次の式の値を求めよ。 ▶教p.135例5

*(1) $\sin^2 35^\circ + \sin^2 55^\circ$

(2) $\cos^2 40^\circ + \cos^2 50^\circ$

*(3) $\tan 20^\circ \times \tan 70^\circ$

(4) $\dfrac{1}{\tan^2 40^\circ} - \dfrac{1}{\cos^2 50^\circ}$

3 三角比の拡張

SPIRAL A

236 次の角の三角比の値を求めよ。 ▶教p.137例6，例7

*(1) 120°

(2) 135°

*(3) 150°

(4) 180°

237 次の三角比を，鋭角の三角比で表せ。また，三角比の表を用いてその値を求めよ。

▶教p.139例8

*(1) $\sin 130°$

(2) $\cos 105°$

*(3) $\tan 168°$

238 $0^\circ \leqq \theta \leqq 180^\circ$ のとき，次の等式を満たす θ を求めよ。 ▶教p.140例題3

*(1) $\sin\theta = \dfrac{1}{\sqrt{2}}$

(2) $\cos\theta = \dfrac{\sqrt{3}}{2}$

(3) $\sin\theta = 0$

*(4) $\cos\theta = -1$

239 次の各場合について，他の三角比の値を求めよ。 ▶教p.142 例題4
ただし，$90^\circ < \theta < 180^\circ$ とする。

*(1) $\sin\theta = \dfrac{1}{4}$　　(2) $\cos\theta = -\dfrac{12}{13}$

SPIRAL B

240 $0^\circ \leqq \theta \leqq 180^\circ$ のとき，次の等式を満たす θ を求めよ。 ▶教p.141 応用例題3

*(1) $\tan\theta = \dfrac{1}{\sqrt{3}}$　　(2) $\tan\theta = 0$

*(3) $\sqrt{3}\tan\theta + 1 = 0$

241　$0° \leqq \theta \leqq 180°$ のとき，次の等式を満たす θ を求めよ。　▶教p.140例題3

(1)　$2\sin\theta - \sqrt{3} = 0$　　　*(2)　$2\cos\theta - \sqrt{2} = 0$

***242**　$\tan\theta = -\dfrac{1}{2}$ のとき，$\cos\theta$，$\sin\theta$ の値を求めよ。

ただし，$90° < \theta < 180°$ とする。　▶教p.142応用例題4

243 次の式の値を求めよ。

(1) $\sin 115^\circ + \cos 155^\circ + \tan 35^\circ + \tan 145^\circ$

(2) $(\cos 20^\circ - \cos 70^\circ)^2 + (\sin 110^\circ + \sin 160^\circ)^2$

(3) $\sin 80^\circ \cos 170^\circ - \cos 80^\circ \sin 170^\circ$

(4) $\tan 70^\circ \tan 160^\circ - 2\tan 50^\circ \tan 140^\circ$

244 次の各場合について，他の三角比の値を求めよ。
ただし，$0^\circ \leqq \theta \leqq 180^\circ$ とする。 ▶教p.142例題4

(1) $\sin\theta = \dfrac{1}{5}$

*(2) $\cos\theta = \dfrac{1}{\sqrt{5}}$

245 次の各場合について，θ の値を求めよ。ただし，$0^\circ \leqq \theta \leqq 180^\circ$ とする。

*(1) $\sin\theta(\sqrt{2}\sin\theta - 1) = 0$

(2) $(\cos\theta + 1)(2\cos\theta + 1) = 0$

SPIRAL C

三角比を含む不等式

例題 29 $0^\circ \leqq \theta \leqq 180^\circ$ のとき，次の不等式を解け。

(1) $\sin\theta > \dfrac{\sqrt{3}}{2}$　　(2) $\cos\theta \leqq -\dfrac{1}{\sqrt{2}}$

考え方 単位円の周上の点 $(x,\ y)$ について，$\sin\theta = y$，$\cos\theta = x$ であることを利用する。

(1)では，y 座標が $\dfrac{\sqrt{3}}{2}$ より大きくなるような θ の範囲

(2)では，x 座標が $-\dfrac{1}{\sqrt{2}}$ 以下となるような θ の範囲

解 (1) 単位円の x 軸より上側の周上の点で，

y 座標が $\dfrac{\sqrt{3}}{2}$

となるのは右の図の 2 点 P，P′ である。

$\angle\mathrm{AOP} = 60^\circ$，$\angle\mathrm{AOP'} = 120^\circ$

であるから，不等式の解は

$\boldsymbol{60^\circ < \theta < 120^\circ}$ 答

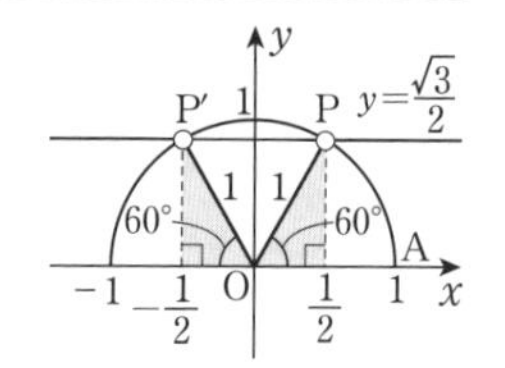

(2) 単位円の x 軸より上側の周上の点で，

x 座標が $-\dfrac{1}{\sqrt{2}}$

となるのは右の図の点 P である。

$\angle\mathrm{AOP} = 135^\circ$

であるから，不等式の解は

$\boldsymbol{135^\circ \leqq \theta \leqq 180^\circ}$ 答

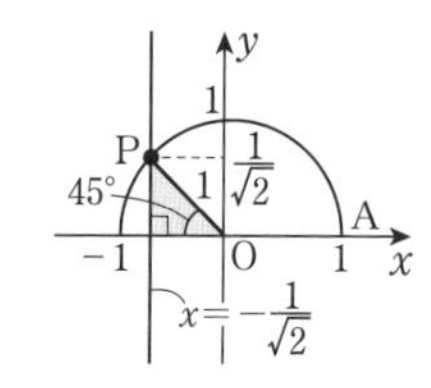

246 $0^\circ \leqq \theta \leqq 180^\circ$ のとき，次の不等式を解け。

(1) $\sin\theta \leqq \dfrac{1}{2}$

(2)　$\cos\theta > \dfrac{1}{\sqrt{2}}$

247　次の式の値を求めよ。

(1)　$(1-\sin\theta)(1+\sin\theta)-\dfrac{1}{1+\tan^2\theta}$

(2)　$\tan^2\theta(1-\sin^2\theta)+\cos^2\theta$

(3)　$(2\sin\theta+\cos\theta)^2+(\sin\theta-2\cos\theta)^2$

(4) $\dfrac{1}{1+\tan^2\theta}+\cos^2(90°-\theta)$

(5) $\dfrac{(1+\tan\theta)^2}{1+\tan^2\theta}+(\sin\theta-\cos\theta)^2$

例題 30 $\sin\theta+\cos\theta=\dfrac{2}{3}$ のとき，次の式の値を求めよ。ただし，$0^\circ \leqq \theta \leqq 180^\circ$ とする。

(1) $\sin\theta\cos\theta$　　(2) $\sin\theta-\cos\theta$

解

(1) $(\sin\theta+\cos\theta)^2=\left(\dfrac{2}{3}\right)^2$ より　$\sin^2\theta+2\sin\theta\cos\theta+\cos^2\theta=\dfrac{4}{9}$

$\sin^2\theta+\cos^2\theta=1$ より　$1+2\sin\theta\cos\theta=\dfrac{4}{9}$

よって　$\boldsymbol{\sin\theta\cos\theta=-\dfrac{5}{18}}$ 答

(2) $(\sin\theta-\cos\theta)^2=\sin^2\theta-2\sin\theta\cos\theta+\cos^2\theta$

$=1-2\sin\theta\cos\theta=1-2\times\left(-\dfrac{5}{18}\right)=\dfrac{14}{9}$

ゆえに　$\sin\theta-\cos\theta=\pm\sqrt{\dfrac{14}{9}}=\pm\dfrac{\sqrt{14}}{3}$

$0^\circ \leqq \theta \leqq 180^\circ$，$\sin\theta\cos\theta<0$ より　$\sin\theta>0$，$\cos\theta<0$

よって　$\sin\theta-\cos\theta>0$

したがって　$\boldsymbol{\sin\theta-\cos\theta=\dfrac{\sqrt{14}}{3}}$ 答

248 $\sin\theta+\cos\theta=\dfrac{1}{2}$ のとき，次の式の値を求めよ。ただし，$0^\circ \leqq \theta \leqq 180^\circ$ とする。

(1) $\sin\theta\cos\theta$

(2) $\sin\theta - \cos\theta$

(3) $\tan\theta + \dfrac{1}{\tan\theta}$

タンジェントと直線の傾き

例題 31 原点を通る直線 $y = mx$ と x 軸の正の向きとのなす角 θ が次のように与えられたとき，m の値を求めよ。

(1) $\theta = 60^\circ$　　(2) $\theta = 135^\circ$

解 直線 $y = mx$ と直線 $x = 1$ の交点Pの座標は $\mathrm{P}(1,\ m)$ である。

ここで，$\tan\theta = \dfrac{m}{1} = m$ であるから

$$m = \tan\theta$$

(1) $m = \tan 60^\circ$ より　$\boldsymbol{m = \sqrt{3}}$ 答

(2) $m = \tan 135^\circ$ より　$\boldsymbol{m = -1}$ 答

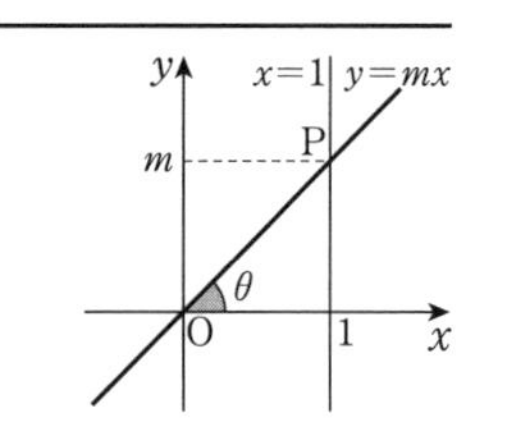

249 原点を通る直線 $y = mx$ と x 軸の正の向きとのなす角 θ が次のように与えられたとき，m の値を求めよ。

(1) $\theta = 30^\circ$

(2) $\theta = 45^\circ$

(3) $\theta = 120^\circ$

2節　三角比と図形の計量

1 正弦定理　2 余弦定理

SPIRAL A

250 △ABC において，外接円の半径 R を求めよ。 ▶教p.145例1

*(1) $b=5$，$B=45^\circ$

(2) $c=\sqrt{3}$，$C=150^\circ$

251 △ABC において，次の問いに答えよ。 ▶教p.145例題1

*(1) $a=12$，$A=30^\circ$，$B=45^\circ$ のとき，b を求めよ。

(2) $a=4$，$B=75^\circ$，$C=45^\circ$ のとき，c を求めよ。

252 △ABC において，次の問いに答えよ。 ▶教p.146 例2

*(1) $c=\sqrt{3}$，$a=4$，$B=30^\circ$ のとき，b を求めよ。

(2) $b=3$，$c=4$，$A=120^\circ$ のとき，a を求めよ。

(3) $a=2$，$b=1+\sqrt{3}$，$C=60^\circ$ のとき，c を求めよ。

253 △ABC において，次の問いに答えよ。 ▶教 p.147 例題2

*(1) $a=7$，$b=5$，$c=3$ のとき，$\cos A$ の値と A を求めよ。

(2) $a=4$，$b=\sqrt{10}$，$c=3\sqrt{2}$ のとき，$\cos B$ の値と B を求めよ。

(3) $a=7$，$b=6\sqrt{2}$，$c=11$ のとき，$\cos C$ の値と C を求めよ。

SPIRAL B

254 △ABC において，3 辺の長さが次のとき，A は鋭角，直角，鈍角のいずれであるか。

▶教p.147

(1) $a=4,\ b=3,\ c=2$

(2) $a=6,\ b=4,\ c=5$

(3) $a=13,\ b=12,\ c=5$

***255** △ABCにおいて，残りの辺の長さと角の大きさを求めよ。 ▶教p.148応用例題1

(1) $a=\sqrt{2}$，$c=\sqrt{3}-1$，$B=135^\circ$

(2) $b=\sqrt{6}$，$c=\sqrt{3}-1$，$A=45^\circ$

(3) $a=2\sqrt{2}$，$c=\sqrt{6}$，$C=60^\circ$

256 円に内接する四角形 ABCD において，AB $=3$，BC $=1$，DA $=4$，$\angle$BAD $=60^\circ$ のとき，次の長さを求めよ。 ▶教p.149思考力✚

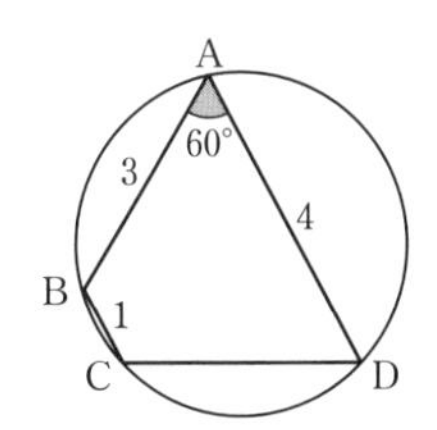

(1) 対角線 BD

(2) 辺 CD

257 △ABC において，$a=8$，$b=4$，$c=6$ とする。また，線分 BC の中点を M とし，AM $=x$ とするとき，次の問いに答えよ。

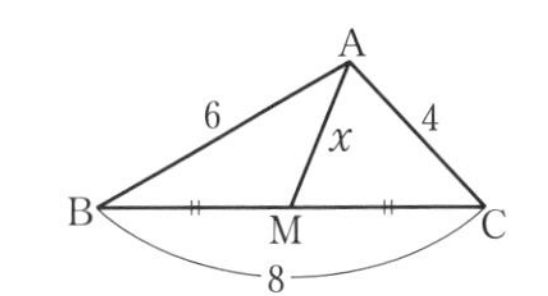

(1) △ABC において，$\cos B$ の値を求めよ。

(2) △ABM において，余弦定理を用いて x を求めよ。

***258** △ABC において，次の問いに答えよ。

(1) $b=2\sqrt{2}$，$c=4$，$C=45^\circ$ のとき，B を求めよ。

(2) $a=3$，外接円の半径 $R=3$ のとき，A を求めよ。

***259** △ABC において，$a=1$，$b=\sqrt{2}$，$c=\sqrt{5}$ のとき，C の大きさと，外接円の半径 R を求めよ。

例題 32 △ABC において，$a=3\sqrt{2}$，$b=3$，$A=45°$ のとき，B と外接円の半径 R を求めよ。

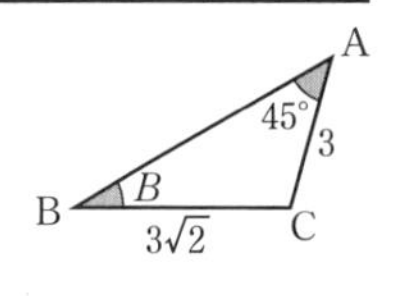

解

正弦定理より $\dfrac{3\sqrt{2}}{\sin 45°}=\dfrac{3}{\sin B}$

両辺に $\sin 45° \sin B$ を掛けて

$$3\sqrt{2}\times\sin B=3\times\sin 45°$$

ゆえに $\sin B=\dfrac{3}{3\sqrt{2}}\times\sin 45°$

$$=\frac{1}{\sqrt{2}}\times\frac{1}{\sqrt{2}}=\frac{1}{2}$$

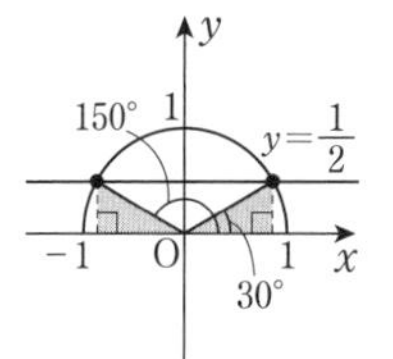

ここで，$A=45°$ であるから，$B<135°$ より

$B=$ **30°** 答

また，正弦定理より $\dfrac{3\sqrt{2}}{\sin 45°}=2R$

よって $R=\dfrac{1}{2}\times\dfrac{3\sqrt{2}}{\sin 45°}=\dfrac{1}{2}\times 3\sqrt{2}\div\dfrac{1}{\sqrt{2}}=$ **3** 答

260 △ABC において，外接円の半径を R とするとき，次の問いに答えよ。

(1) $a=\sqrt{3}$，$b=\sqrt{2}$，$A=60°$ のとき，B と R を求めよ。

(2) $b=2\sqrt{3}$，$c=2$，$B=120°$ のとき，C と R を求めよ。

SPIRAL C

例題 33 正弦定理の応用 [2]

△ABC において，次の等式が成り立つとき，C を求めよ。

▶教p.159章末6

$$\frac{\sin A}{5}=\frac{\sin B}{16}=\frac{\sin C}{19}$$

考え方 正弦定理 $\dfrac{a}{\sin A}=\dfrac{b}{\sin B}=\dfrac{c}{\sin C}$ より $a:b:c=\sin A:\sin B:\sin C$ が成り立つ。

解 $\dfrac{\sin A}{5}=\dfrac{\sin B}{16}=\dfrac{\sin C}{19}$ より $\sin A:\sin B:\sin C=5:16:19$

よって　$a:b:c=5:16:19$

となるから，$a=5k$，$b=16k$，$c=19k$ $(k>0)$ とおける。

余弦定理より　$\cos C=\dfrac{(5k)^2+(16k)^2-(19k)^2}{2\cdot 5k\cdot 16k}$　　←$\cos C=\dfrac{a^2+b^2-c^2}{2ab}$

$$=\frac{25k^2+256k^2-361k^2}{160k^2}=-\frac{1}{2}$$

$0°<C<180°$ より　$\boldsymbol{C=120°}$ 答

261 △ABC において，$\sin A:\sin B:\sin C=5:8:7$ のとき，C を求めよ。

262 右の図において，次の問いに答えよ。

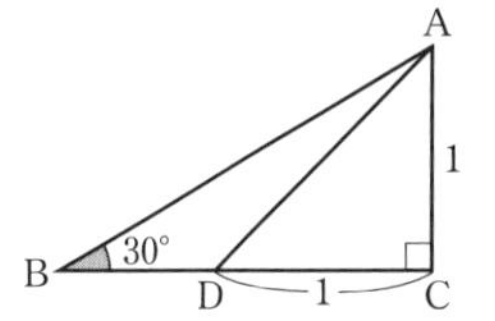

(1) BD の長さを求めよ。

(2) $\sin 15^\circ$ の値を求めよ。

263 右の図において，次の問いに答えよ。

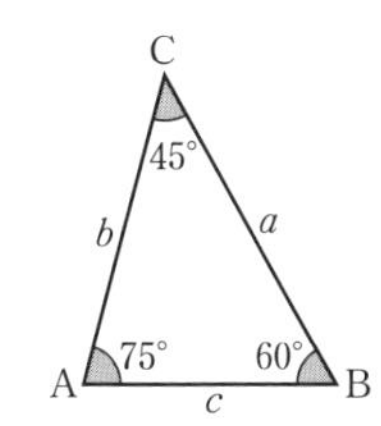

(1) $b=2\sqrt{3}$ のとき，c，a を求めよ。

(2) $\sin 75^\circ$ の値を求めよ。

例題 34 △ABC において，$\sin A = \cos B \sin C$ が成り立つとき，この三角形はどのような三角形か。

解　△ABC の外接円の半径を R とすると，

$$\frac{a}{\sin A} = 2R,\ \frac{c}{\sin C} = 2R$$

より　$\sin A = \frac{a}{2R},\ \sin C = \frac{c}{2R}$　……①

また，余弦定理より　$\cos B = \frac{c^2 + a^2 - b^2}{2ca}$　……②

①，②を与えられた条件式に代入すると

$$\frac{a}{2R} = \frac{c^2 + a^2 - b^2}{2ca} \times \frac{c}{2R}$$

両辺に $2R$ を掛けて　$a = \frac{c^2 + a^2 - b^2}{2a}$

さらに，両辺に $2a$ を掛けて整理すると

$$a^2 + b^2 = c^2$$

よって，△ABC は **$C = 90°$ の直角三角形** である。 答

264 △ABC において，$\sin C = 2 \sin B \cos A$ が成り立つとき，この三角形はどのような三角形か。

265 △ABC において，次の等式が成り立つことを証明せよ。

*(1) $a(\sin B+\sin C)=(b+c)\sin A$

(2) $\dfrac{a-c\cos B}{b-c\cos A}=\dfrac{\sin B}{\sin A}$

3 三角形の面積

SPIRAL A

266 次の △ABC の面積 S を求めよ。 ▶教p.151 例3

*(1) $b=5$, $c=4$, $A=45^\circ$

(2) $a=6$, $b=4$, $C=120^\circ$

*(3) $B=45^\circ$, $C=75^\circ$, $b=\sqrt{6}$, $c=1+\sqrt{3}$

*267　$a=2$，$b=3$，$c=4$ である △ABC について，次の値を求めよ。

(1)　$\cos A$　▶教p.151 例題3

(2)　$\sin A$

(3)　△ABC の面積 S

SPIRAL B

*268　$A=120°$, $b=5$, $c=3$ である△ABCの面積を S, 内接円の半径を r として，次の問いに答えよ。

▶教p.152応用例題2

(1)　a を求めよ。

(2)　S および r を求めよ。

***269** $a=8$, $b=5$, $c=7$ である △ABC について，次の問いに答えよ。

▶教 p.151 例題3，p.152 応用例題2

(1) △ABC の面積 S を求めよ。

(2) 内接円の半径 r を求めよ。

270 外接円の半径が3の正三角形の面積 S を求めよ。

271 △ABC において，$b=2$，$c=3$，$A=60°$ とする。∠A の二等分線が辺 BC と交わる点をDとし，AD $=x$ とおく。このとき，次の問いに答えよ。

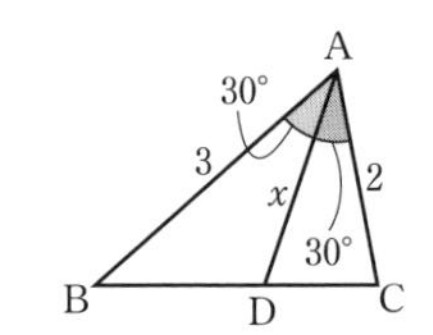

(1) △ABD，△ACD の面積を，x を用いて表せ。

(2) x の値を求めよ。

SPIRAL C

272 次のような△ABC の面積 S を求めよ。 ▶教p.153思考力✚

(1) $a=4,\ b=5,\ c=7$

(2) $a=5,\ b=6,\ c=9$

例題 35 円に内接する四角形の面積

▶教 p.159 章末7

右の図のような，円に内接する四角形 ABCD において，

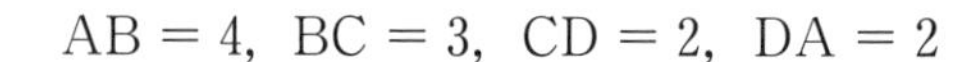

$$AB=4,\ BC=3,\ CD=2,\ DA=2$$

であるとき，次の問いに答えよ。

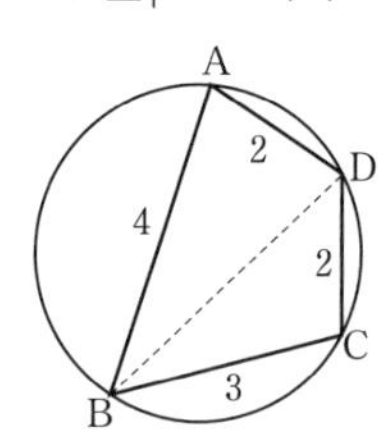

(1) $\angle BAD=\theta$ とするとき，$\cos\theta$ の値を求めよ。

(2) 対角線 BD の長さを求めよ。

(3) 四角形 ABCD の面積 S を求めよ。

考え方 $\cos C=\cos(180^\circ-A)=-\cos A$ が成り立つ。

解 (1) △ABD において，余弦定理より

$$BD^2=4^2+2^2-2\times4\times2\times\cos\theta=20-16\cos\theta$$

△BCD において，余弦定理より

$$BD^2=3^2+2^2-2\times3\times2\times\cos(180^\circ-\theta)=13+12\cos\theta$$

ゆえに　$20-16\cos\theta=13+12\cos\theta$

よって　$\cos\theta=\dfrac{1}{4}$ **答**

(2) (1)より　$BD^2=20-16\cos\theta=20-16\times\dfrac{1}{4}=16$

よって，$BD>0$ より　$BD=\sqrt{16}=4$ **答**

(3) $0^\circ<\theta<180^\circ$ より，$\sin\theta>0$ であるから

$$\sin\theta=\sqrt{1-\cos^2\theta}=\sqrt{1-\left(\frac{1}{4}\right)^2}=\sqrt{\frac{15}{16}}=\frac{\sqrt{15}}{4}$$

よって　$S=\triangle ABD+\triangle BCD$

$$=\frac{1}{2}\times AB\times AD\times\sin\theta+\frac{1}{2}\times BC\times CD\times\sin(180^\circ-\theta)$$

（$\sin(180^\circ-\theta)=\sin\theta$）

$$=\frac{1}{2}\times4\times2\times\frac{\sqrt{15}}{4}+\frac{1}{2}\times3\times2\times\frac{\sqrt{15}}{4}=\frac{7\sqrt{15}}{4}$$ **答**

273 円に内接する四角形 ABCD において

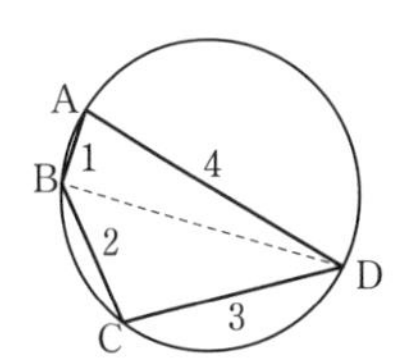

$AB = 1,\ BC = 2,\ CD = 3,\ DA = 4$

のとき，次の問いに答えよ。

(1) $\angle BAD = \theta$ とするとき，$\cos\theta$ の値を求めよ。

(2) 四角形 ABCD の面積 S を求めよ。

4 空間図形の計量

SPIRAL A

274 右の図のように，30 m 離れた 2 地点 A，B と塔の先端 C について，$\angle \mathrm{CAH} = 45^\circ$，$\angle \mathrm{HBA} = 60^\circ$，$\angle \mathrm{HAB} = 75^\circ$ であった。このとき，塔の高さ CH を求めよ。

▶教 p.154 例題4

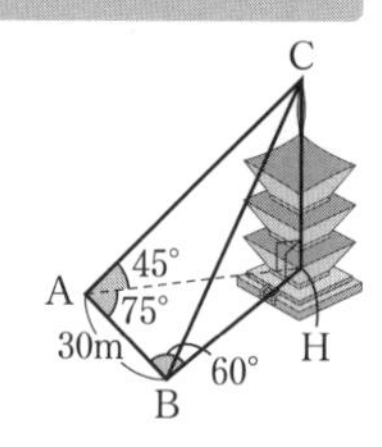

***275** 右の図のように，4 m 離れた 2 地点 A，B と木の先端 C について，$\angle \mathrm{CBH} = 30^\circ$，$\angle \mathrm{CAB} = 45^\circ$，$\angle \mathrm{ABC} = 105^\circ$ であった。このとき，木の高さ CH を求めよ。

▶教 p.154 例題4

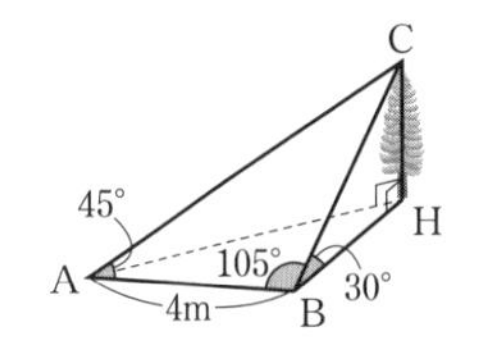

SPIRAL B

276 右の図において，

$\angle \mathrm{PHA} = \angle \mathrm{PHB} = 90^\circ$

$\angle \mathrm{PAH} = 60^\circ$，$\angle \mathrm{HAB} = 30^\circ$

$\angle \mathrm{AHB} = 105^\circ$，$\mathrm{BH} = 10$

であるとき，次の問いに答えよ。

▶教p.154例題4

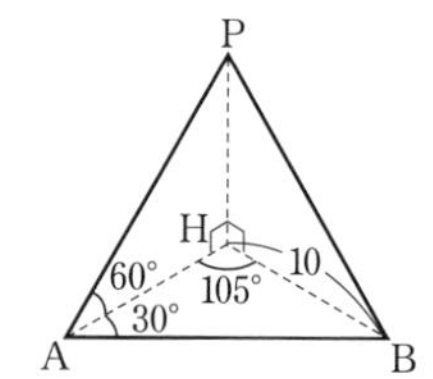

(1) PH の長さを求めよ。

(2) $\angle \mathrm{PBH} = \theta$ とするとき，$\cos\theta$ の値を求めよ。

*277 右の図のような直方体 ABCD-EFGH がある。$AD=1$，$AB=\sqrt{3}$，$AE=\sqrt{6}$ のとき，次の問いに答えよ。 ▶教p.155応用例題3

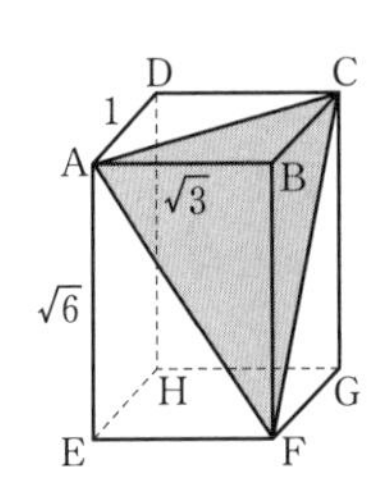

(1) AC，AF，FC の長さを求めよ。

(2) $\angle CAF=\theta$ とするとき，θ の大きさを求めよ。

(3) $\triangle AFC$ の面積 S を求めよ。

SPIRAL C

例題 36 正四面体と内接球

1 辺の長さが 4 である正四面体 ABCD について，
次の問いに答えよ。

(1) 体積 V を求めよ。

(2) 内接する球Oの半径 r を求めよ。

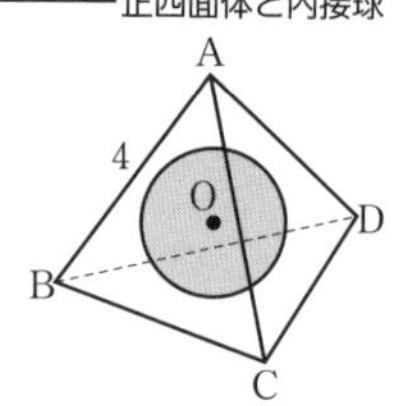

考え方 (2) 4 つの四面体 OABC，OABD，OACD，OBCD の体積が等しいことを利用する。

解 (1) 辺 BC の中点を M とし，頂点Aから線分 DM に垂線 AH をおろすと，AH の長さは △BCD を底面としたときの正四面体 ABCD の高さになっている。

正四面体 ABCD の各面は 1 辺の長さが 4 の正三角形であるから

$$AM = DM = 4 \times \sin 60^\circ = 2\sqrt{3}$$

$\angle AMD = \theta$ とすると

$$AH = AM\sin\theta \quad \cdots\cdots ①$$

△AMD において，余弦定理より

$$\cos\theta = \frac{(2\sqrt{3})^2 + (2\sqrt{3})^2 - 4^2}{2 \times 2\sqrt{3} \times 2\sqrt{3}} = \frac{1}{3}$$

$\sin\theta > 0$ であるから　$\sin\theta = \sqrt{1 - \left(\frac{1}{3}\right)^2} = \frac{2\sqrt{2}}{3}$

よって，①より　$AH = 2\sqrt{3} \times \frac{2\sqrt{2}}{3} = \frac{4\sqrt{6}}{3}$

したがって　$V = \frac{1}{3} \times \triangle BCD \times AH = \frac{1}{3} \times \left(\frac{1}{2} \times 4^2 \times \sin 60^\circ\right) \times \frac{4\sqrt{6}}{3}$

$$= \frac{1}{3} \times 4\sqrt{3} \times \frac{4\sqrt{6}}{3} = \boldsymbol{\frac{16\sqrt{2}}{3}}$$ 答

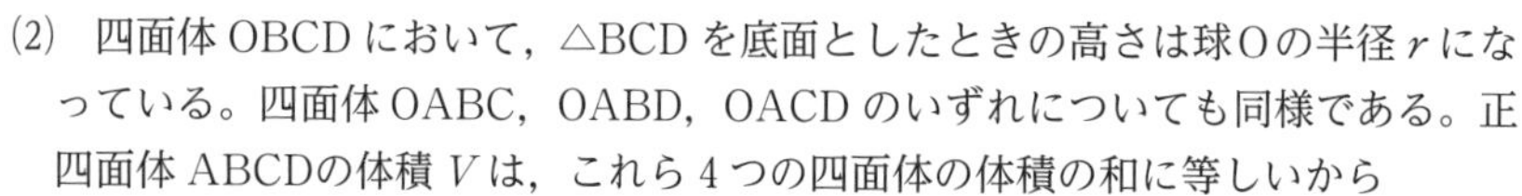
(2) 四面体 OBCD において，△BCD を底面としたときの高さは球Oの半径 r になっている。四面体 OABC，OABD，OACD のいずれについても同様である。正四面体 ABCDの体積 V は，これら 4 つの四面体の体積の和に等しいから

$$\left(\frac{1}{3} \times 4\sqrt{3} \times r\right) \times 4 = \frac{16\sqrt{2}}{3}$$　←(底面積) $= 4\sqrt{3}$

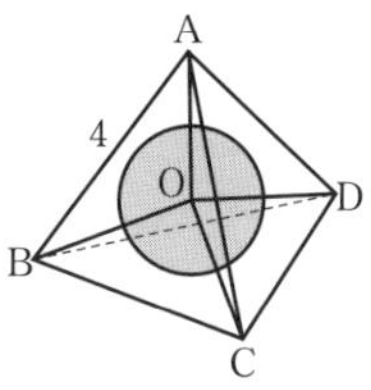

よって　$r = \boldsymbol{\frac{\sqrt{6}}{3}}$ 答

278 右の図の四面体 ABCD において，

$AB = AC = AD = 6$

$BC = CD = DB = 6\sqrt{2}$

である。この四面体について，次の問いに答えよ。

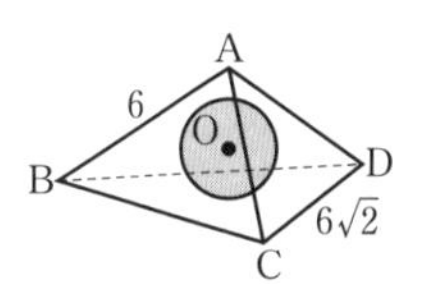

(1) 体積 V を求めよ。

(2) 内接する球Oの半径 r を求めよ。

5章　データの分析

1節　データの整理

1 度数分布　2 代表値

SPIRAL A

*279　右の度数分布表は，ある高校の1年生20人について，50 m 走の記録を整理したものである。

階級（秒）以上～未満	度数（人）
8.0～8.5	4
8.5～9.0	6
9.0～9.5	7
9.5～10.0	1
10.0～10.5	2
計	20

(1)　度数が1である階級の階級値を求めよ。

(2)　速い方から5番目の生徒がいる階級の階級値を求めよ。

(3)　9.5秒未満の生徒は何人いるか。

(4)　9.5秒以上の生徒は何人いるか。

*280 右のデータは，ある高校の 1 年生 20 人の上体起こしの記録である。 ▶教p.163練習1，2

24	31	19	27	24	25	23	20	12	21
21	19	24	23	26	21	31	26	27	18

(回)

(1) このデータの相対度数分布表を完成せよ。

階級（回）以上～未満	階級値（回）	度数（人）	相対度数
12～16			
16～20			
20～24			
24～28			
28～32			
計		20	1

(2) (1)のヒストグラムをかけ。

(3) (1)の度数分布表で最頻値を求めよ。

281 大きさが5のデータ 18, 21, 31, 9, 17 の平均値を求めよ。 ▶教p.164例1

282 次のデータは，あるクラスの男子A班とB班の握力の記録である。

A班	29	33	35	38	40	41	49	51	53	
B班	23	30	36	39	41	43	44	46	48	50

(kg)

(1) A班とB班の平均値をそれぞれ求めよ。 ▶教p.164例1

(2) A 班と B 班の中央値をそれぞれ求めよ。 ▶教p.165例3

283 次の小さい順に並べられたデータについて，中央値を求めよ。

*(1) 10, 17, 27, 27, 27, 32, 36, 58, 59, 85, 94 ▶教p.165例3

(2) 9, 18, 27, 37, 37, 54, 56, 68, 99

*(3) 1, 13, 14, 20, 28, 41, 58, 62, 89, 95

(4) 3, 9, 13, 13, 17, 21, 24, 25, 66, 75, 82, 86

SPIRAL B

284 大きさが6のデータ 25，19，k，10，32，16 の平均値が 21 であるとき，k の値を求めよ。

285 右の表は，3つのグループ A，B，C に対して行った100点満点のテストの結果である。a の値を求めよ。

	A	B	C	計
人数	12	20	8	40
平均値（点）	85	75.6	64.5	a

3 四分位数と四分位範囲

SPIRAL A

286 次の小さい順に並べられたデータについて，四分位数を求めよ。

*(1) 3, 3, 4, 6, 7, 8, 9 ▶教p.166例4

(2) 2, 3, 3, 5, 6, 6, 7, 9

(3) 5, 7, 7, 8, 10, 12, 13, 15, 16

*(4) 12, 14, 14, 14, 15, 17, 17, 17, 18, 18

287 次の小さい順に並べられたデータについて，範囲および四分位範囲を求めよ。また，箱ひげ図をかけ。

▶教p.167例5，6

*(1) 5，6，8，9，10，10，11

(2) 1，2，2，2，5，5，5，5，6，7

*(3) 5，5，5，5，7，8，8，9，9，10，12

288 右の図は，ある年の 3 月 (31 日間) の，那覇と東京における 1 日の最高気温のデータを箱ひげ図に表したものである。2 つの箱ひげ図から正しいと判断できるものを，次の①～④からすべて選べ。 ▶教p.168例7

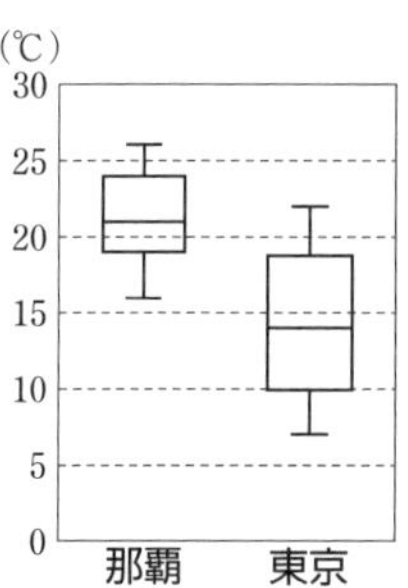

① 範囲は，東京の方が那覇より大きい。

② 四分位範囲は東京の方が小さい。

③ 那覇では，最高気温が 15°C 以下の日はない。

④ 東京で最高気温が 10°C 未満の日数は 7 日である。

289 右のⓐ～ⓓのヒストグラムは，下の㋐～㋓の箱ひげ図のどれに対応しているか。 ▶教p.169例8

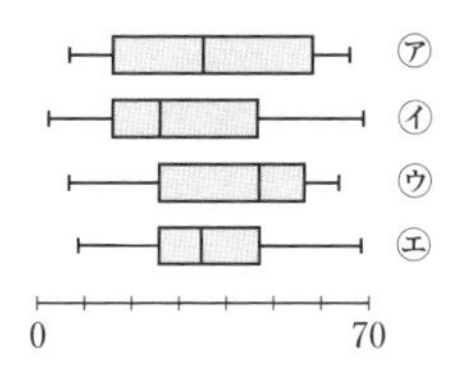

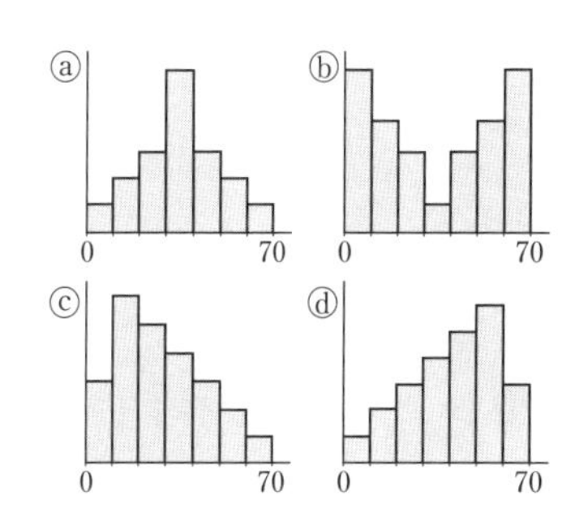

SPIRAL B

290 次のデータは，9 人の生徒に行った国語，数学，英語のテストの得点である。いずれも満点は 100 点で，点数の低い順に並べてある。 ▶教p.166例4，p.167例5，p.167例6

国語	31	39	55	59	64	68	78	78	91
数学	29	44	56	59	67	67	70	88	98
英語	34	46	48	56	65	79	84	86	90

（点）

(1) 教科ごとの箱ひげ図を並べてかけ。

(2) 四分位範囲が最も大きい教科を答えよ。

291 ある高校の体育委員 8 人の体重は次のようであった。

52，55，55，61，63，65，67，70 (kg)

このデータの箱ひげ図として適当なものは，右の㋐～㋓のうちどれか。

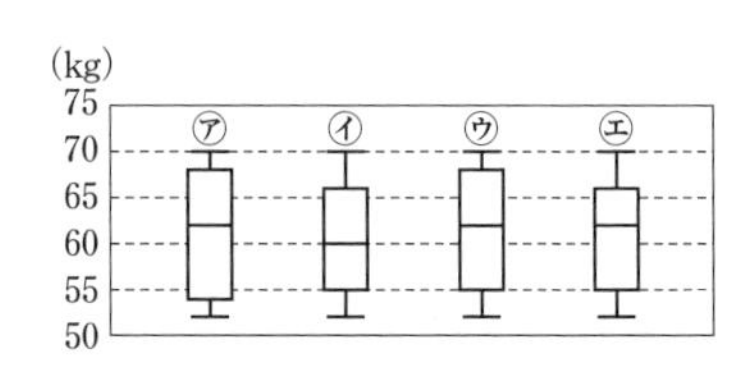

292 次の図は，16 人が行ったあるゲームの得点をヒストグラムにまとめたものである。このデータの箱ひげ図として，ヒストグラムと矛盾しないものは㋐～㋒のうちどれか。

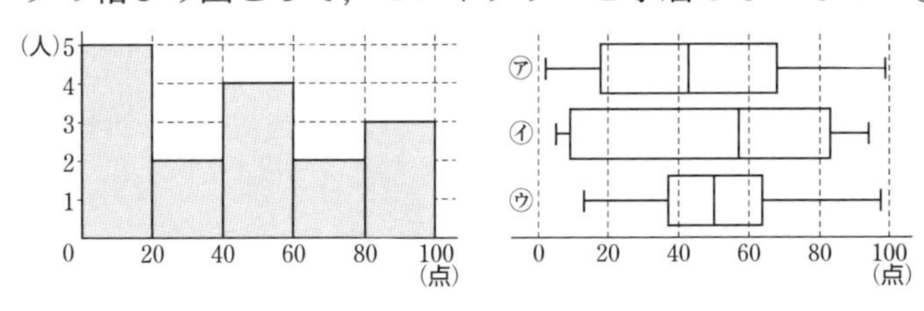

293 下の表は，9 人に対して行った 100 点満点のテストの得点を，点数の低い順に並べたものである。平均値が 79，中央値が 77，四分位範囲が 13 であるとき，a，b，c の値を求めよ。

67	72	74	75	a	80	b	88	c

(点)

2節　データの分析

1　分散と標準偏差

SPIRAL A

294　次のデータの分散 s^2 と標準偏差 s を求めよ。 ▶教p.171例1

*(1)　3, 5, 7, 4, 6

(2)　1, 2, 5, 5, 7, 10

*(3)　44, 45, 46, 49, 51, 52, 54, 56, 61, 62

295 次の 2 つのデータ x, y について，それぞれの標準偏差を求めて散らばりの度合いを比較せよ。 ▶教 p.171 例2

x：4，6，7，8，10　　y：4，5，7，9，10

296 大きさが 5 のデータ 8，2，4，6，5 の分散 s^2 と標準偏差 s を，上の囲みにある分散の [2] の公式を用いて求めよ。 ▶教 p.172 例3

297 次のデータは，あるプロ野球球団の選手 9 人の身長の記録である。下の表を利用してこのデータの分散 s^2 を求めよ。

▶教p.171 例1

	身長 (cm)									計	平均値
x	169	170	175	177	177	178	180	183	184	1593	177
$x-\overline{x}$											
$(x-\overline{x})^2$											

298 次の変量 x の分散 s^2 を，下の表を利用して求めよ。

▶教p.172 例3

							計	平均値
x	2	4	4	5	7	8		
x^2								

SPIRAL B

例題 37 度数分布表にまとめられたデータの分散

変量 x の値について，右の度数分布表にまとめられている。この表を用いて次の問いに答えよ。

(1) 平均値 $\overline{x}$ を求めよ。

(2) 分散 s^2 を求めよ。

変量 x	度数 f	xf	$x-\overline{x}$	$(x-\overline{x})^2f$
1	1	1	-2	4
2	2	4	-1	2
3	4	12	0	0
4	2	8	1	2
5	1	5	2	4
計	10	30		12

考え方 (1) 値の総和は xf の和であり，データの大きさは度数の和である。

解 (1) 値の総和は xf の和であるから，平均値 $\overline{x}$ は

$$\overline{x}=\frac{30}{10}=3$$ 答

(2) 偏差の2乗の和は $(x-\overline{x})^2f$ の和であるから，分散 s^2 は

$$s^2=\frac{12}{10}=\mathbf{1.2}$$ 答

299 変量 x の値について，下の度数分布表にまとめられている。この表を利用して，分散 s^2 を求めよ。

変量 x	度数 f	xf	$x-\overline{x}$	$(x-\overline{x})^2f$
1	2			
2	2			
3	11			
4	4			
5	1			
計	20			

300 下の度数分布表で与えられたデータの分散 s^2 を求めよ。

階級値	4	8	12	16	20
度数	2	3	9	5	1

SPIRAL C

全体の平均値と標準偏差

例題 38 下の表は，あるクラス 32 人をA班とB班に分けて行ったテストの結果である。このクラス全体について，点数の平均値と標準偏差を求めよ。 ▶教 p.184 章末1

	人数	平均値	標準偏差
A 班	12 人	64 点	9
B 班	20 人	48 点	13

解　全体の平均値は　$\frac{1}{12+20}(64\times 12+48\times 20)=\frac{1728}{32}=\mathbf{54}$ **(点)** 答

A 班の得点の 2 乗の平均値を a とすると

$9^2=a-64^2$ より　$a=4177$　←分散 = (2 乗の平均) − (平均の 2 乗)

B 班の得点の 2 乗の平均値を b とすると

$13^2=b-48^2$ より　$b=2473$

これより，全体の分散は

$$\frac{1}{12+20}(4177\times 12+2473\times 20)-54^2=\frac{99584}{32}-2916=196$$

よって，全体の標準偏差は　$\sqrt{196}=\mathbf{14}$ **(点)** 答

301 下の表は，あるクラス 32 人を A 班と B 班に分けて行ったテストの結果である。このクラス全体について，点数の平均値と標準偏差を求めよ。

	人数	平均値	標準偏差
A 班	20 人	40 点	7
B 班	12 人	56 点	9

302 下の表は，あるクラス 40 人を A 班と B 班に分けて行ったテストの結果である。次の問いに答えよ。

	人数	平均値	分散
A 班	16 人	65 点	175
B 班	24 人	70 点	100

(1) クラス全体について，点数の平均値と分散を求めよ。

(2) B 班全員の点数が 5 点ずつ上がったとする。このときのクラス全体の平均値と分散を求めよ。

303 大きさが 5 のデータ 3，3，x，y，5 の平均値が 4，分散が 3.2 であるとき，x，y の値を求めよ。ただし，$x \leqq y$ とする。

思考力 PLUS 変量の変換

SPIRAL A

304 変量xのデータの平均値が $\overline{x}=8$，分散が $s_x{}^2=7$ であるとき，$u=4x+1$ で定まる変量uのデータの平均値 $\overline{u}$，分散 $s_u{}^2$ を求めよ。 ▶教p.173例1

305 変量xのデータの平均値が $\overline{x}=5$，分散が $s_x{}^2=10$ であるとき，$u=\dfrac{3x-10}{5}$ で定まる変量uのデータの平均値 $\overline{u}$，分散 $s_u{}^2$ を求めよ。 ▶教p.173例1

SPIRAL B

306 あるクラスで100点満点のテストを行ったところ，得点xの平均値は $\overline{x}=67$，標準偏差は $s_x=20$ であった。このとき，

$$u=10\left(\frac{x-\overline{x}}{s_x}\right)+50$$

によって得られる変量uについて，次の問いに答えよ。 ▶教p.185章末3

(1) 得点が97点であるとき，uの値を求めよ。

(2) uの平均値$\overline{u}$，標準偏差s_uを求めよ。

(3) 次の①～③のうち，正しいといえるものをすべて選べ。

① A，B 2人の得点をそれぞれx_A，x_B，対応するuの値をそれぞれu_A，u_Bとするとき，$x_A \leqq x_B$ ならばつねに $u_A \leqq u_B$ が成り立つ。

② $\overline{x}$の値は$\overline{u}$の値の2倍である。

③ s_xの値はs_uの値の4倍である。

(4) このテストで採点ミスがあり，全員に3点が加わった。このとき，得点xの平均値$\overline{x}$およびuの平均値$\overline{u}$，xの標準偏差s_xおよびuの標準偏差s_uの値を求めよ。

2 データの相関

SPIRAL A

307 下の表は，8人の生徒に対し国語と数学の小テストを実施した結果である。対応する散布図を下の㋐，㋑，㋒から選べ。

生徒	①	②	③	④	⑤	⑥	⑦	⑧
国語	10	4	5	7	9	2	4	8
数学	6	9	6	4	10	3	10	6

(点)

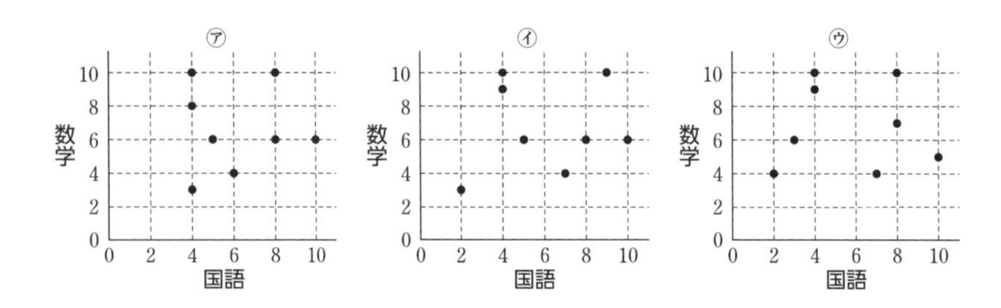

308 下の表は，あるコンビニにおける最高気温と使い捨てカイロの売上個数を1週間記録したものである。この表から散布図をつくり，相関があるかどうか調べよ。 ▶教p.175例4

	①	②	③	④	⑤	⑥	⑦
最高気温（℃）	15	9	7	12	11	8	10
個数	5	15	20	19	10	23	20

309 下の表は，4 人が 2 種類のゲーム x，y（ともに 10 点満点）を行って得た得点である。この表から共分散 s_{xy} を計算せよ。

▶教p.177 例5

番号	①	②	③	④
ゲーム x	4	7	3	6
ゲーム y	4	8	6	10

（点）

310 下の表は，ある高校の生徒 5 人の数学 x と化学 y のテストの得点である。この表から散布図をつくり，共分散 s_{xy} を計算せよ。

▶教p.175 例4，p.177 例5

生徒	①	②	③	④	⑤
数学 x	68	62	84	70	66
化学 y	51	52	71	67	59

（点）

311 右の表は，ある高校の生徒 5 人に行った科目 X の得点 x と科目 Y の得点 y のテストの得点である。下の表を用いて，x と y の相関係数 r を求めよ。

▶教 p.178 例題1

生徒	x	y
①	4	7
②	7	9
③	5	8
④	8	10
⑤	6	6

(点)

生徒	x	y	$x-\overline{x}$	$y-\overline{y}$	$(x-\overline{x})^2$	$(y-\overline{y})^2$	$(x-\overline{x})(y-\overline{y})$
①	4	7					
②	7	9					
③	5	8					
④	8	10					
⑤	6	6					
計							
平均値							

SPIRAL B

312 次の(1)〜(3)のデータに対応する散布図と相関係数を，それぞれ㋐，㋑，㋒と(a)，(b)，(c)，(d)，(e)から選んで記号で答えよ。

(1)

x	2	3	5	6	7	9	9	11	13	15
y	5	6	8	7	9	7	11	9	13	15

(2)

x	6	8	10	12	12	14	15	16	18	19
y	3	13	8	2	19	1	6	9	11	18

(3)

x	4	6	6	6	10	12	12	14	14	16
y	10	19	14	11	10	8	8	7	1	2

散布図

㋐
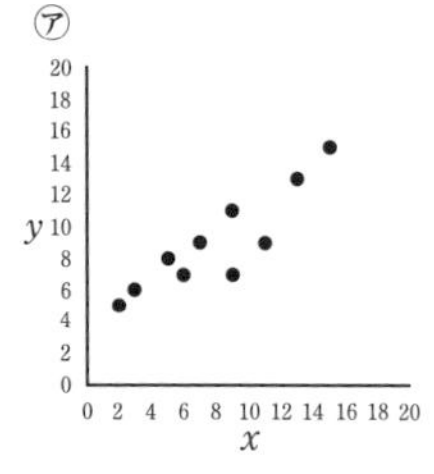

㋑
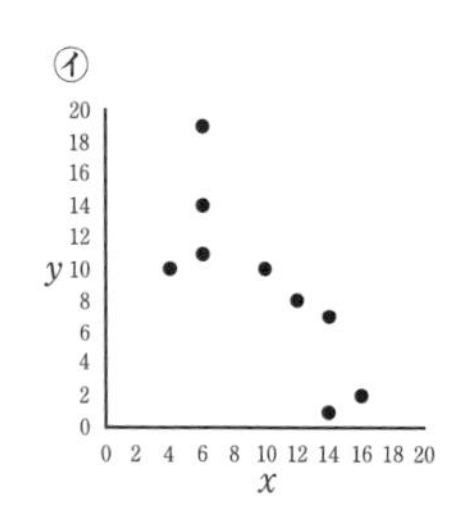

㋒
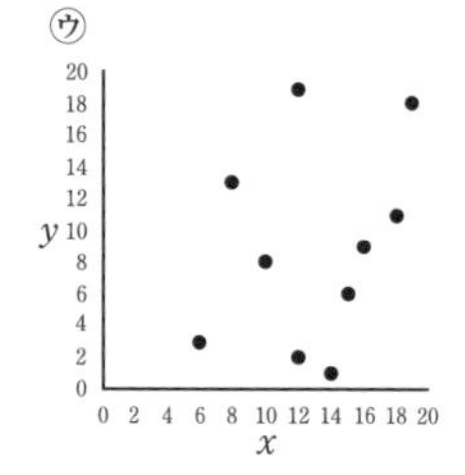

相関係数

(a) -0.8　(b) -0.5　(c) 0.3　(d) 0.6　(e) 0.9

313 右の図1は，ある高校の1年生20人のボール投げ(m)と握力(kg)の結果を散布図にまとめたものである。ボール投げ，握力の結果の分布を表す箱ひげ図を，それぞれ図2と図3に示した。正しい箱ひげ図を，ボール投げは㋐，㋑から，握力は㋒，㋓から1つずつ選べ。
ただし，測定値はボール投げ，握力ともに整数値とする。

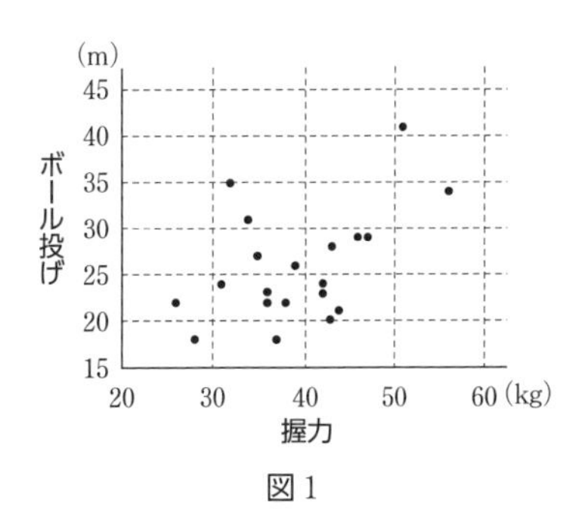

図1

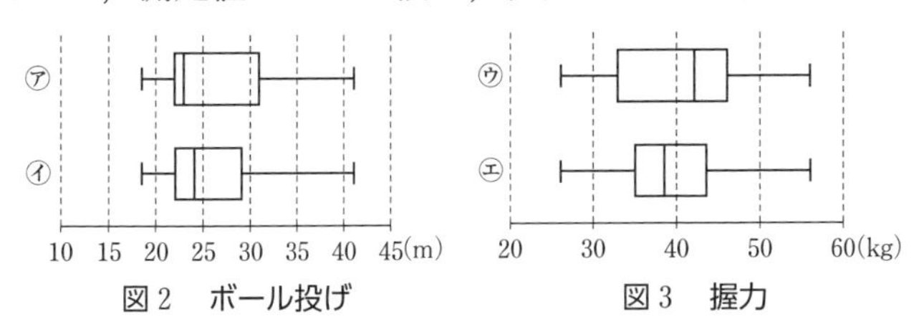

図2　ボール投げ　　図3　握力

例題 39 右の表は，ある高校の生徒 5 人が行った 2 回のボウリングの結果である。次の問いに答えよ。

生徒	①	②	③	④	⑤
1 回目 x	90	120	110	85	95
2 回目 y	100	120	130	105	95

(点)

(1) 1 回目の得点 x と 2 回目の得点 y の相関係数を求めよ。ただし，小数第 3 位を四捨五入せよ。

(2) 機械の故障で，すべての得点が 10 点低く記録されていたことがわかった。正しい得点での相関係数を求めよ。ただし，小数第 3 位を四捨五入せよ。

解 (1)

生徒	x	y	$x-\overline{x}$	$y-\overline{y}$	$(x-\overline{x})^2$	$(y-\overline{y})^2$	$(x-\overline{x})(y-\overline{y})$
①	90	100	−10	−10	100	100	100
②	120	120	20	10	400	100	200
③	110	130	10	20	100	400	200
④	85	105	−15	−5	225	25	75
⑤	95	95	−5	−15	25	225	75
計	500	550			850	850	650
平均値	100	110			170	170	130

上の表より，求める相関係数は

$$r=\frac{130}{\sqrt{170}\sqrt{170}}$$

$$=0.764\cdots\cdots \fallingdotseq \mathbf{0.76}$$ 答

(2) x，y のすべての値が 10 点高くなるので，$x-\overline{x}$，$y-\overline{y}$ の値は変わらない。
したがって，相関係数の値は(1)と同じで　**0.76** 答

314 上の例題 39 で 2 回目の得点だけが 10 点低く記録されていた場合，正しい得点の相関係数を求めよ。ただし，小数第 3 位を四捨五入せよ。

315 右の表は，ある高校の生徒5人が行った2回のテストの得点である。次の問いに答えよ。

生徒	①	②	③	④	⑤
1回目 x	56	64	53	72	55
2回目 y	85	80	75	90	70

(点)

(1) 1回目と2回目の得点の相関係数を求めよ。
ただし，小数第3位を四捨五入せよ。

(2) 記録ミスで，2回目のすべての得点が5点低く記録されていたことがわかった。正しい得点での相関係数を答えよ。ただし，小数第3位を四捨五入せよ。

3 データの外れ値　4 仮説検定の考え方

SPIRAL A

316 第1四分位数が 22，第3四分位数が 30 のデータについて，次の①～④のうち，外れ値である値をすべて選べ。 ▶教p.181 例6

①　8　②　11　③　40　④　42

317 次の表は，10 人の高校生が行った懸垂の回数である。

生徒	①	②	③	④	⑤	⑥	⑦	⑧	⑨	⑩
回数	3	8	12	6	0	6	7	6	8	9

(回)

(1)　第1四分位数 Q_1，第3四分位数 Q_3 の値を求めよ。

(2)　外れ値である生徒の番号をすべて選べ。

318 実力が同じという評判の将棋部員 A，B が 6 回将棋をさしたところ，A が 6 勝した。

右の度数分布表は，表裏の出方が同様に確からしいコイン 1 枚を 6 回投げる操作を，1000 セット行った結果である。

これを用いて，「A，B の実力が同じ」という仮説が誤りかどうか，基準となる確率を 5% として仮説検定を行え。

▶教p.183例7

表の枚数	セット数
6	13
5	91
4	238
3	314
2	231
1	96
0	17
計	1000

SPIRAL B

319 第 1 四分位数が 10，第 3 四分位数が k であるデータにおいて，値 25 が外れ値であるという。このとき，k の値の範囲を求めよ。

三角比の表

A	$\sin A$	$\cos A$	$\tan A$	A	$\sin A$	$\cos A$	$\tan A$
0°	0.0000	1.0000	0.0000	45°	0.7071	0.7071	1.0000
1°	0.0175	0.9998	0.0175	46°	0.7193	0.6947	1.0355
2°	0.0349	0.9994	0.0349	47°	0.7314	0.6820	1.0724
3°	0.0523	0.9986	0.0524	48°	0.7431	0.6691	1.1106
4°	0.0698	0.9976	0.0699	49°	0.7547	0.6561	1.1504
5°	0.0872	0.9962	0.0875	50°	0.7660	0.6428	1.1918
6°	0.1045	0.9945	0.1051	51°	0.7771	0.6293	1.2349
7°	0.1219	0.9925	0.1228	52°	0.7880	0.6157	1.2799
8°	0.1392	0.9903	0.1405	53°	0.7986	0.6018	1.3270
9°	0.1564	0.9877	0.1584	54°	0.8090	0.5878	1.3764
10°	0.1736	0.9848	0.1763	55°	0.8192	0.5736	1.4281
11°	0.1908	0.9816	0.1944	56°	0.8290	0.5592	1.4826
12°	0.2079	0.9781	0.2126	57°	0.8387	0.5446	1.5399
13°	0.2250	0.9744	0.2309	58°	0.8480	0.5299	1.6003
14°	0.2419	0.9703	0.2493	59°	0.8572	0.5150	1.6643
15°	0.2588	0.9659	0.2679	60°	0.8660	0.5000	1.7321
16°	0.2756	0.9613	0.2867	61°	0.8746	0.4848	1.8040
17°	0.2924	0.9563	0.3057	62°	0.8829	0.4695	1.8807
18°	0.3090	0.9511	0.3249	63°	0.8910	0.4540	1.9626
19°	0.3256	0.9455	0.3443	64°	0.8988	0.4384	2.0503
20°	0.3420	0.9397	0.3640	65°	0.9063	0.4226	2.1445
21°	0.3584	0.9336	0.3839	66°	0.9135	0.4067	2.2460
22°	0.3746	0.9272	0.4040	67°	0.9205	0.3907	2.3559
23°	0.3907	0.9205	0.4245	68°	0.9272	0.3746	2.4751
24°	0.4067	0.9135	0.4452	69°	0.9336	0.3584	2.6051
25°	0.4226	0.9063	0.4663	70°	0.9397	0.3420	2.7475
26°	0.4384	0.8988	0.4877	71°	0.9455	0.3256	2.9042
27°	0.4540	0.8910	0.5095	72°	0.9511	0.3090	3.0777
28°	0.4695	0.8829	0.5317	73°	0.9563	0.2924	3.2709
29°	0.4848	0.8746	0.5543	74°	0.9613	0.2756	3.4874
30°	0.5000	0.8660	0.5774	75°	0.9659	0.2588	3.7321
31°	0.5150	0.8572	0.6009	76°	0.9703	0.2419	4.0108
32°	0.5299	0.8480	0.6249	77°	0.9744	0.2250	4.3315
33°	0.5446	0.8387	0.6494	78°	0.9781	0.2079	4.7046
34°	0.5592	0.8290	0.6745	79°	0.9816	0.1908	5.1446
35°	0.5736	0.8192	0.7002	80°	0.9848	0.1736	5.6713
36°	0.5878	0.8090	0.7265	81°	0.9877	0.1564	6.3138
37°	0.6018	0.7986	0.7536	82°	0.9903	0.1392	7.1154
38°	0.6157	0.7880	0.7813	83°	0.9925	0.1219	8.1443
39°	0.6293	0.7771	0.8098	84°	0.9945	0.1045	9.5144
40°	0.6428	0.7660	0.8391	85°	0.9962	0.0872	11.4301
41°	0.6561	0.7547	0.8693	86°	0.9976	0.0698	14.3007
42°	0.6691	0.7431	0.9004	87°	0.9986	0.0523	19.0811
43°	0.6820	0.7314	0.9325	88°	0.9994	0.0349	28.6363
44°	0.6947	0.7193	0.9657	89°	0.9998	0.0175	57.2900
45°	0.7071	0.7071	1.0000	90°	1.0000	0.0000	——

解答

218 (1) $\sin A=\frac{4}{5}$, $\cos A=\frac{3}{5}$, $\tan A=\frac{4}{3}$

(2) $\sin A=\frac{3}{\sqrt{10}}$, $\cos A=\frac{1}{\sqrt{10}}$, $\tan A=3$

(3) $\sin A=\frac{\sqrt{5}}{3}$, $\cos A=\frac{2}{3}$, $\tan A=\frac{\sqrt{5}}{2}$

219 (1) $\sin A=\frac{1}{\sqrt{10}}$, $\cos A=\frac{3}{\sqrt{10}}$, $\tan A=\frac{1}{3}$

(2) $\sin A=\frac{2}{\sqrt{5}}$, $\cos A=\frac{1}{\sqrt{5}}$, $\tan A=2$

(3) $\sin A=\frac{\sqrt{11}}{6}$, $\cos A=\frac{5}{6}$, $\tan A=\frac{\sqrt{11}}{5}$

220 (1) **0.6293** (2) **0.8988**
(3) **2.7475**

221 (1) **49°** (2) **37°** (3) **63°**

222 (1) $x=2\sqrt{3}$, $y=2$
(2) $x=3\sqrt{2}$, $y=3$
(3) $x=4$, $y=2\sqrt{3}$

223 標高差は **1939 m**, 水平距離は **3498 m**

224 **10.9 m**

225 (1) **24°** (2) **31°**

226 **14°**

227 $50\sqrt{3}$ **m**

228 **15.3 m**

229 **46°**

230 (1) $1+\sqrt{5}$ (2) $\frac{\sqrt{5}-1}{4}$
(3) $\frac{\sqrt{5}+1}{4}$

231 (1) $\cos A=\frac{5}{13}$, $\tan A=\frac{12}{5}$

(2) $\cos A=\frac{\sqrt{6}}{3}$, $\tan A=\frac{1}{\sqrt{2}}$

(3) $\cos A=\frac{1}{\sqrt{5}}$, $\tan A=2$

232 (1) $\sin A=\frac{\sqrt{7}}{4}$, $\tan A=\frac{\sqrt{7}}{3}$

(2) $\sin A=\frac{2\sqrt{6}}{7}$, $\tan A=\frac{2\sqrt{6}}{5}$

(3) $\sin A=\frac{\sqrt{6}}{3}$, $\tan A=\sqrt{2}$

233 (1) $\cos 3°$ (2) $\sin 16°$
(3) $\frac{1}{\tan 25°}$ (4) $\tan 5°$

234 (1) $\cos A=\frac{1}{\sqrt{6}}$, $\sin A=\frac{\sqrt{30}}{6}$

(2) $\cos A=\frac{2}{\sqrt{5}}$, $\sin A=\frac{1}{\sqrt{5}}$

235 (1) **1** (2) **1**
(3) **1** (4) **−1**

236 (1) $\sin 120°=\frac{\sqrt{3}}{2}$, $\cos 120°=-\frac{1}{2}$, $\tan 120°=-\sqrt{3}$

(2) $\sin 135°=\frac{1}{\sqrt{2}}$, $\cos 135°=-\frac{1}{\sqrt{2}}$, $\tan 135°=-1$

(3) $\sin 150°=\frac{1}{2}$, $\cos 150°=-\frac{\sqrt{3}}{2}$, $\tan 150°=-\frac{1}{\sqrt{3}}$

(4) $\sin 180°=0$, $\cos 180°=-1$, $\tan 180°=0$

237 (1) $\sin 50°=0.7660$
(2) $-\cos 75°=-0.2588$
(3) $-\tan 12°=-0.2126$

238 (1) $\theta=45°$, $135°$
(2) $\theta=30°$
(3) $\theta=0°$, $180°$
(4) $\theta=180°$

239 (1) $\cos\theta=-\frac{\sqrt{15}}{4}$, $\tan\theta=-\frac{1}{\sqrt{15}}$

(2) $\sin\theta=\frac{5}{13}$, $\tan\theta=-\frac{5}{12}$

240 (1) $\theta=30°$ (2) $\theta=0°$, $180°$
(3) $\theta=150°$

241 (1) $\theta=60°$, $120°$
(2) $\theta=45°$

242 $\cos\theta=-\frac{2\sqrt{5}}{5}$, $\sin\theta=\frac{\sqrt{5}}{5}$

243 (1) **0** (2) **2**
(3) **−1** (4) **1**

244 (1) $\begin{cases}\cos\theta=\frac{2\sqrt{6}}{5}\\ \tan\theta=\frac{\sqrt{6}}{12}\end{cases}$ $\begin{cases}\cos\theta=-\frac{2\sqrt{6}}{5}\\ \tan\theta=-\frac{\sqrt{6}}{12}\end{cases}$

(2) $\sin\theta=\frac{2\sqrt{5}}{5}$, $\tan\theta=2$

245 (1) $\theta=0°$, $45°$, $135°$, $180°$
(2) $\theta=120°$, $180°$

246 (1) $0°\leqq\theta\leqq30°$, $150°\leqq\theta\leqq180°$
(2) $0°\leqq\theta<45°$

247 (1) **0** (2) **1**
(3) **5** (4) **1**
(5) **2**

248 (1) $-\frac{3}{8}$ (2) $\frac{\sqrt{7}}{2}$ (3) $-\frac{8}{3}$

249 (1) $m=\frac{1}{\sqrt{3}}$ (2) $m=1$
(3) $m=-\sqrt{3}$

250 (1) $\frac{5\sqrt{2}}{2}$ (2) $\sqrt{3}$

251 (1) $12\sqrt{2}$ (2) $\frac{4\sqrt{6}}{3}$

252 (1) $\sqrt{7}$ (2) $\sqrt{37}$ (3) $\sqrt{6}$

253 (1) $\cos A=-\frac{1}{2}$, $A=120°$
(2) $\cos B=\frac{1}{\sqrt{2}}$, $B=45°$
(3) $\cos C=0$, $C=90°$

254 (1) **鈍角** (2) **鋭角** (3) **直角**

255 (1) $b=2$, $A=30°$, $C=15°$
(2) $a=2$, $B=120°$, $C=15°$
(3) $b=\sqrt{2}$, $A=90°$, $B=30°$

256 (1) $\sqrt{13}$ (2) **3**

257 (1) $\frac{7}{8}$ (2) $x=\sqrt{10}$

258 (1) $B=30°$ (2) $A=30°$, $150°$

259 $C=135°$, $R=\frac{\sqrt{10}}{2}$

260 (1) $B=45°$, $R=1$
(2) $C=30°$, $R=2$

261 **60°**

262 (1) $\sqrt{3}-1$ (2) $\frac{\sqrt{6}-\sqrt{2}}{4}$

263 (1) $c=2\sqrt{2}$, $a=\sqrt{2}+\sqrt{6}$
(2) $\frac{\sqrt{6}+\sqrt{2}}{4}$

264 **BC=CA の二等辺三角形**

265 (1) 正弦定理

$$\frac{a}{\sin A}=\frac{b}{\sin B}=\frac{c}{\sin C}=2R$$

(ただし，R は△ABC の外接円の半径)
より

$$\sin A=\frac{a}{2R},\ \sin B=\frac{b}{2R},\ \sin C=\frac{c}{2R}$$

である。

$$a(\sin B+\sin C)=a\left(\frac{b}{2R}+\frac{c}{2R}\right)$$
$$=\frac{a}{2R}(b+c)$$
$$(b+c)\sin A=(b+c)\times\frac{a}{2R}$$
$$=\frac{a}{2R}(b+c)$$

よって

$$a(\sin B+\sin C)=(b+c)\sin A$$

(2) 正弦定理

$$\frac{a}{\sin A}=\frac{b}{\sin B}=2R$$

(ただし，R は△ABC の外接円の半径)
より

$$\sin A=\frac{a}{2R},\ \sin B=\frac{b}{2R}$$

余弦定理より

$$\cos A=\frac{b^2+c^2-a^2}{2bc},\ \cos B=\frac{c^2+a^2-b^2}{2ca}$$

であるから

$$\frac{a-c\cos B}{b-c\cos A}$$
$$=\left(a-c\times\frac{c^2+a^2-b^2}{2ca}\right)\div\left(b-c\times\frac{b^2+c^2-a^2}{2bc}\right)$$
$$=\frac{2a^2-(c^2+a^2-b^2)}{2a}\div\frac{2b^2-(b^2+c^2-a^2)}{2b}$$
$$=\frac{a^2+b^2-c^2}{2a}\times\frac{2b}{a^2+b^2-c^2}=\frac{b}{a}$$
$$\frac{\sin B}{\sin A}=\frac{b}{2R}\div\frac{a}{2R}=\frac{b}{2R}\times\frac{2R}{a}=\frac{b}{a}$$

よって $\frac{a-c\cos B}{b-c\cos A}=\frac{\sin B}{\sin A}$

266 (1) $5\sqrt{2}$ (2) $6\sqrt{3}$
(3) $\frac{3}{4}(\sqrt{2}+\sqrt{6})$

267 (1) $\frac{7}{8}$ (2) $\frac{\sqrt{15}}{8}$ (3) $\frac{3\sqrt{15}}{4}$

268 (1) **7**
(2) $S=\frac{15\sqrt{3}}{4}$, $r=\frac{\sqrt{3}}{2}$

269 (1) $10\sqrt{3}$ (2) $\sqrt{3}$

270 $\frac{27\sqrt{3}}{4}$

271 (1) $\triangle\mathrm{ABD}=\frac{3}{4}x$, $\triangle\mathrm{ACD}=\frac{1}{2}x$
(2) $x=\frac{6\sqrt{3}}{5}$

272 (1) $4\sqrt{6}$ (2) $10\sqrt{2}$

273 (1) $\frac{1}{5}$ (2) $2\sqrt{6}$

274 $15\sqrt{6}$ **m**

275 $2\sqrt{2}$ m

276 (1) $10\sqrt{6}$ (2) $\dfrac{\sqrt{7}}{7}$

277 (1) AC$=2$, AF$=3$, FC$=\sqrt{7}$

(2) 60°

(3) $\dfrac{3\sqrt{3}}{2}$

278 (1) 36 (2) $r=3-\sqrt{3}$

279 (1) 9.75 秒 (2) 8.75 秒

(3) 17 人 (4) 3 人

280

(1)

階級(回) 以上～未満	階級値 (回)	度数 (人)	相対 度数
12～16	14	1	0.05
16～20	18	3	0.15
20～24	22	6	0.30
24～28	26	8	0.40
28～32	30	2	0.10
計		20	1

(2)

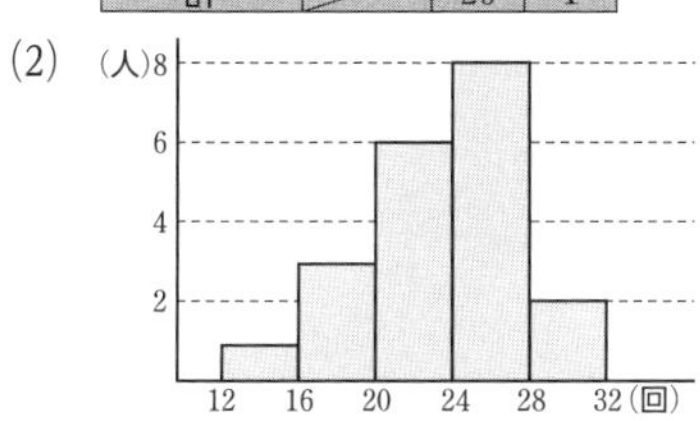

(3) 26 回

281 19.2

282 (1) A班 41 kg, B班 40 kg

(2) A班 40 kg, B班 42 kg

283 (1) 32 (2) 37

(3) 34.5 (4) 22.5

284 $k=24$

285 76.2

286 (1) $Q_1=3$, $Q_2=6$, $Q_3=8$

(2) $Q_1=3$, $Q_2=5.5$, $Q_3=6.5$

(3) $Q_1=7$, $Q_2=10$, $Q_3=14$

(4) $Q_1=14$, $Q_2=16$, $Q_3=17$

287 (1) 範囲 6, 四分位範囲 4

(2) 範囲 6, 四分位範囲 3

(3) 範囲 7, 四分位範囲 4

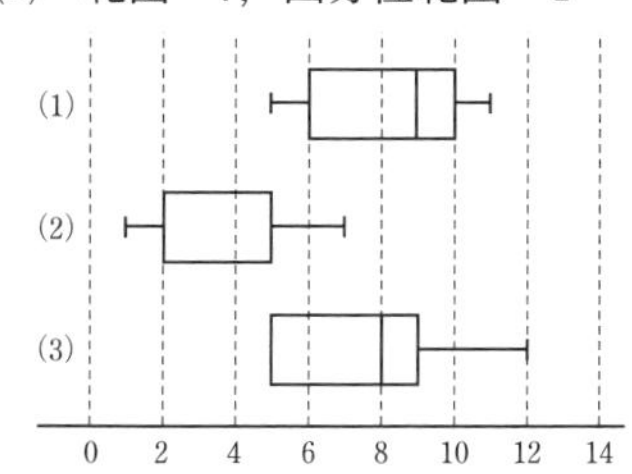

288 ①, ③

289 ⓐとㇵ, ⓑとㇷ, ⓒとㇱ, ⓓとㇳ

290 (1)

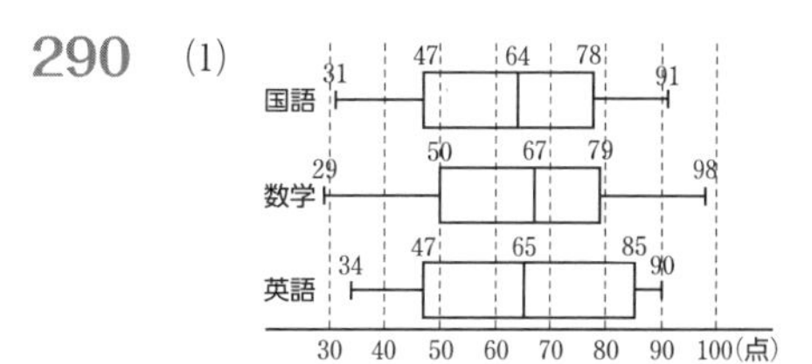

(2) 英語

291 ㊁

292 ㋐

293 $a=77$, $b=84$, $c=94$

294 (1) $s^2=2$, $s=\sqrt{2}$

(2) $s^2=9$, $s=3$

(3) $s^2=36$, $s=6$

295 $s_x=2$, $s_y=\sqrt{5.2}$

y の方が散らばりの度合いが大きい。

296 $s^2=4$, $s=2$

297 23.6

298 4

299 0.9

300 16

301 平均値 46 点 標準偏差 11 点

302 (1) 平均値 68 点, 分散 136

(2) 平均値 71 点, 分散 154

303 $x=2$, $y=7$

304 $\overline{u}=33$, $s_u{}^2=112$

305 $\overline{u}=1$, $s_u{}^2=\dfrac{18}{5}$

306 (1) 65 (2) $\overline{u}=50$, $s_u=10$

(3) ① (4) $\overline{x}=70$, $s_x=20$, $\overline{u}=50$, $s_u=10$

307 ㋑

308

負の相関がある。

309 2.5

310

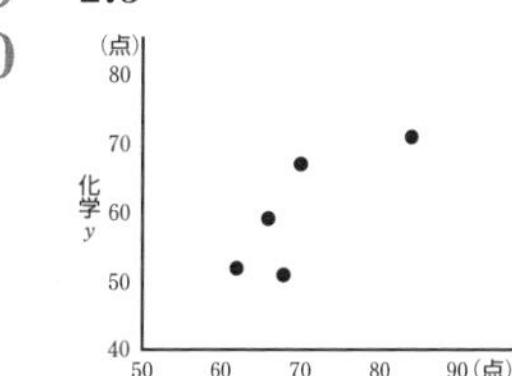

$s_{xy}=48$

311 0.7

312 (1) 散布図は ㋐，相関係数は ⓔ
(2) 散布図は ㋒，相関係数は ⓒ
(3) 散布図は ㋑，相関係数は ⓐ
313 ボール投げ ㋑，握力 ㋓
314 **0.76**
315 (1) **0.74** (2) **0.74**
316 ①，④
317 (1) $Q_1=6$，$Q_3=8$ (2) ①，③，⑤
318 **「A，B の実力が同じ」という仮説が誤り**
319 $10 \leqq k \leqq 16$

スパイラル数学Ⅰ学習ノート
図形と計量／データの分析

●編　者　実教出版編修部
●発行者　小田　良次
●印刷所　寿印刷株式会社

●発行所　実教出版株式会社
〒102-8377
東京都千代田区五番町5
電話<営業>(03)3238-7777
<編修>(03)3238-7785
<総務>(03)3238-7700
https://www.jikkyo.co.jp/

002302022　ISBN 978-4-407-36018-9